L'INCUBATION

ARTIFICIELLE

ET

LA BASSE-COUR

PAR

VOITELLIER

Membre de l'Académie nationale agricole, manufacturière et commerciale.
Membre de la Société d'acclimatation.
Membre du Comice agricole de Seine-et-Oise.

PRIX : 1 FRANC.

PARIS
IMPRIMERIE CENTRALE DES CHEMINS DE FER
A. CHAIX ET Cie
RUE BERGÈRE, 20, PRÈS DU BOULEVARD MONTMARTRE
1878

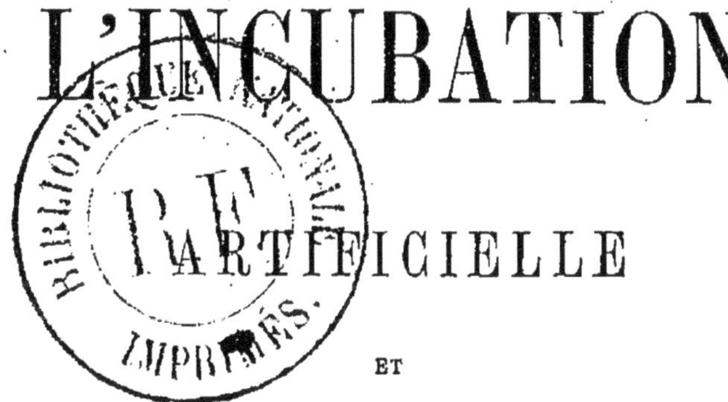

L'INCUBATION ARTIFICIELLE ET LA BASSE-COUR

PAR

VOITELLIER

Membre de l'Académie nationale agricole manufacturière et commerciale.
Membre de la Société d'acclimatation.
Membre du comice agricole de Seine-et-Oise.

PARIS
IMPRIMERIE CENTRALE DES CHEMINS DE FER
A. CHAIX ET Cie
RUE BERGÈRE, 20, PRÈS DU BOULEVARD MONTMARTRE
1878

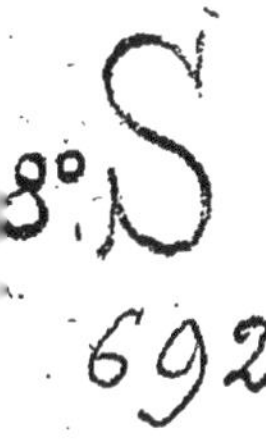

PRÉFACE

Beaucoup de livres ont été écrits sur les questions que nous nous proposons de traiter; cependant, si quelques progrès ont été faits, beaucoup de lacunes restent à combler dans l'importante industrie de l'incubation et de l'élevage des oiseaux de basse-cour.

Le plus souvent les questions de cette nature ont été traitées par des amateurs à la plume facile, mais la théorie a dominé de beaucoup la pratique, tandis que les vrais praticiens, dont les conseils seraient d'or, n'ont pas su ou n'ont pas voulu formuler leurs pensées, et nous les avons vus disparaître sans laisser trace de leur expérience.

L'auteur de ce petit traité n'a pas la prétention de faire sur cette question une œuvre complète et littéraire ; il tient seulement à communiquer le plus succinctement possible les résultats de ses recherches sur la matière, et à contribuer, par des indications précises, à l'extension et à l'amélioration de l'industrie de la basse-cour, qui constitue en somme une des branches de la richesse nationale.

L'INCUBATION ARTIFICIELLE

ET

LA BASSE-COUR

DE L'INCUBATION

Pour accroître la production, il est élémentaire de dire qu'il faut faire naître en plus grande quantité, et, pour tirer le meilleur parti des produits, il importe de pouvoir les offrir en temps opportun, en tenant compte des demandes plus ou moins pressantes de la consommation. Or, les moyens naturels de faire éclore les poulets ou tous autres oiseaux de basse-cour, *en toutes saisons et en grande quantité*, ont été notoirement insuffisants, si même ils ne font pas à peu près défaut.

Les soins généraux de la basse-cour ont été souvent décrits par des hommes éclairés et compétents. Nous n'avons pas l'intention de faire dans ce cadre restreint l'analyse de leurs travaux, dont la substance résumée forme le fond

1.

des connaissances nécessaires à toute bonne ménagère.

Il en est d'ailleurs de la basse-cour comme de la culture : les moyens employés dans un lieu ne sont pas applicables dans l'autre. Il faut considérer comme les meilleurs ceux qui, appropriés au pays, réussiront toujours davantage.

Nous nous occuperons donc de suite de l'incubation forcée, c'est-à-dire du moyen d'obtenir des poulets, dans une saison où les poules même de race couveuse se refusent à ce soin.

DE L'INCUBATION NATURELLE

On est parvenu, dans quelques pays, à remplacer l'incubation naturelle des poules par l'incubation forcée des poules d'Inde; mais ce mode d'élevage n'a pu se généraliser, parce qu'il ne donne, en somme, que de médiocres résultats.

Pour arriver à faire couver les poules d'Inde avant que la nature ne les y pousse, avant même qu'elles n'aient pondu (beaucoup de celles qui ont été soumises à ce régime pendant plusieurs années sont restées stériles), on emploie un moyen des plus simples :

Vers le 15 novembre, on prend une dinde, élevée jusque-là en liberté dans la basse-cour, sans aucune préparation préalable au rôle qu'on veut lui faire remplir.

On la place dans une caisse ou dans un panier muni d'un couvercle. Le nid de paille y est assez élevé pour que ce couvercle, une fois fermé sur son dos, l'empêche de se tenir debout. La fermeture est solidement fixée ou simplement chargée de grosses pierres.

Tous les matins, les dindes ont un quart d'heure de liberté pour manger, puis elles sont réintégrées dans leur étroite prison. Au bout de quelques jours, elles commencent à s'habituer à leur nouveau rôle, et plusieurs dindes, accouvées dans une même pièce, regagnent chacune leur nid sans se tromper, par la force de l'habitude.

On leur met alors, à titre d'essai, quelques vieux œufs remplis de plâtre; elles prennent petit à petit des allures de couveuses, et finissent par se décider à couver sérieusement. Le couvercle de la caisse est alors supprimé; elles reçoivent une vingtaine d'œufs et même plus, suivant leur grosseur ou leur aptitude à couver.

Tous ces préparatifs demandent de huit à quinze jours. Certaines bêtes cependant se refusent obstinément à la maternité forcée; elles doivent être immédiatement mises à l'engrais, comme impropres à la reproduction.

Il est à remarquer que les produits d'une dinde bonne mère et bonne couveuse se ressentent toujours de son aptitude. Si, dans certains pays, elles se refusent, comme on le prétend, à l'incubation forcée, c'est qu'elles n'ont pas été suffisamment choisies en vue du but où l'on veut les amener.

Plusieurs fermières sont d'avis que la mise en couvée soit conduite de manière à ce que l'éclosion ait lieu dans la dernière phase croissante de la lune.

Nos observations sur ce point, qu'elles s'appliquent à l'incubation naturelle ou artificielle, ne détruisent pas l'idée traditionnelle. Nous avouerons même, sans formuler toutefois rien d'absolument concluant, que la réussite a présenté dans ces conditions un certain avantage.

Les dindes qui ont fini par se résoudre, c'est le terme consacré, peuvent faire, sans interruption, quatre ou cinq couvées. On en a vu même aller jusqu'à huit.

A chaque éclosion, une seule mère conduit tous les poussins, et les autres continuent leur métier de machines à couver.

Malgré sa simplicité, ce système d'incubation hivernale présente bien des inconvénients, et fait redouter trop de mécomptes.

Les œufs sont cassés par une mère lourde et maladroite, qui écrase souvent ses petits pendant l'éclosion; les nids sont salis, et, mal sans remède efficace, les couveuses se couvrent de mites qui les empoisonnent avec leurs poussins. Les personnes qui s'occupent de ce mode d'*accouvage* mettent en incubation à peu près quatre cents œufs pour obtenir un cent de poussins. En admettant que les œufs clairs puissent être retirés, ce qui est assez difficile (beaucoup de dindes salissant leurs œufs à tel point que le mirage devient impossible) et qu'il n'y ait pas d'œufs cassés, une dizaine de dindes bonnes couveuses sont employées pour obtenir ce maigre résultat.

Que de soins réclament ces couveuses anormales, qu'il faut lever et nettoyer chaque matin! quelle besogne répugnante pour la ménagère! quelle dépense de nourriture pour ces affamées! Tout cela ne serait rien encore; mais survienne une épidémie, comme cela s'est vu trop souvent, cinquante ou cent couveuses succombent en quelques jours; c'est une véritable ruine pour la basse-cour ainsi éprouvée!

DE L'INCUBATION ARTIFICIELLE

L'incubation artificielle est venue remédier à la plupart de ces inconvénients. Il n'est pas une seule des objections faites à l'incubation naturelle qu'elle ne combatte avantageusement. La simplicité de l'appareil incubateur fait que les soins et la conduite peuvent en être confiés aux mains les moins habiles, aux intelligences les plus simples. Plus d'œufs cassés pendant la couvée, plus de poussins écrasés au moment de l'éclosion, ou empoisonnés par la mite et les émanations fétides du nid. Rien qui blesse la vue et l'odorat; en un mot, réussite par tous les temps et en toute saison. Un peu d'eau à faire chauffer, matin et soir, retourner les œufs, voilà à quoi se bornent les soins à prendre. Au bout de trois semaines, on peut voir les poussins sortir seuls de leur coquille. La fermière peut désormais, sans répugnance, diriger elle-même son couvoir. La châtelaine peut aussi devenir fermière, même dans son intérieur. Pour l'une comme pour l'autre, les désagréments supprimés, il ne reste que des soins qui plaisent, intéressent et assurent un bon résultat.

Ce n'est pas seulement à la ferme que la couveuse artificielle peut rendre de grands services. Les chasseurs ont considéré son invention comme mettant fin à ces récriminations éternelles du propriétaire contre son garde-chasse, et que l'on peut dialoguer ainsi :

« Comment se fait-il qu'après tant de dépenses je ne trouve pas de faisans dans mes bois ? — Monsieur, cette année, les poules ont couvé trop tard et les œufs n'étaient plus bons. — Je n'ai pu me procurer de couveuses dans le village. — Les poules que j'ai eues étaient trop lourdes, et ont écrasé tous les faisandeaux pendant l'éclosion. — Les poules étaient mauvaises meneuses, » etc., etc. Et toujours, les maudites poules étaient cause du manque de gibier!

Le chasseur n'avait qu'à s'incliner devant ces raisons souvent trop justes.

Aujourd'hui, il lui suffit de mettre entre les mains de son garde-chasse, une couveuse artificielle et de dire : « Je veux, cette année, deux, trois ou quatre cents faisans. » Et, il peut être certain que ses ordres recevront leur exécution, sans qu'aucun accident vienne changer le cours de ses couvées. Ses bois seront garnis en temps utile.

L'avantage est encore plus grand pour les couvées de perdrix. Les faucheurs apportent presque toujours des œufs en cours d'incubation; ils sont souvent prêts à éclore, et peuvent à peine supporter quelques heures de refroidissement. Alors le garde court dans toutes les fermes du voisinage chercher une couveuse, et le plus souvent, il rapporte... une grosse cochinchinoise, qui de ses lourdes pattes écrase la nichée.

La couveuse artificielle est toujours prête à recevoir les œufs dès qu'ils arrivent de la plaine, et tous les petits naissent sans accident.

Après l'éclosion, la mère artificielle est là

aussi qui prendra plus de soins de ses poussins que la meilleure des poules.

Bref, la couveuse est aujourd'hui un ustensile pratique que tout chasseur ou éleveur intelligent doit posséder.

Cette assertion est confirmée dans un rapport sur la couveuse Voitellier, présenté par M. Joubert à l'Académie nationale agricole, manufacturière et commerciale, que nous reproduisons ci-après :

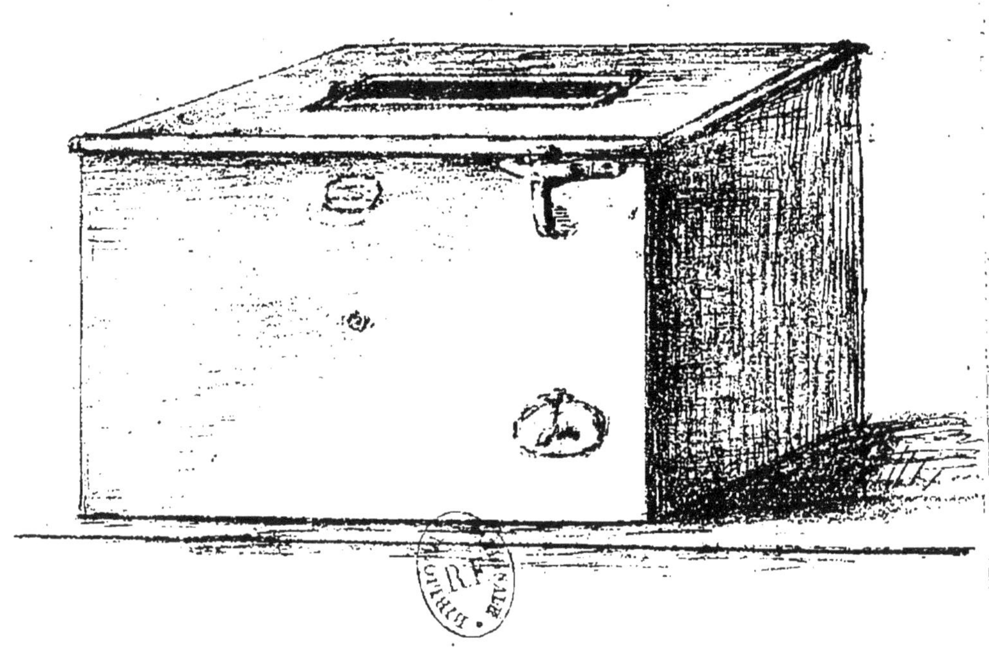

Couveuse artificielle Voitellier.

RAPPORT

DE M. JOUBERT A L'ACADÉMIE NATIONALE AGRICOLE MANUFACTURIÈRE ET COMMERCIALE.

« La couveuse de M. Voitellier est d'autant plus remarquable, qu'elle diffère essentiellement de tout ce qui a été fait jusqu'à ce jour. Ce n'est plus le joujou que l'on connaît depuis si longtemps, ce n'est plus un instrument de laboratoire; ce ne sont plus ces appareils compliqués qui exigent, pour être appliqués avec fruit, un apprentissage, des hommes exercés et spécialement initiés au mécanisme de la machine à faire fonctionner.

» La couveuse Voitellier est tout autre chose: c'est un véritable instrument de ferme, aussi solide et aussi rustique qu'une charrue ou qu'une baratte beauceronne. Elle peut être mise entre les mains d'une paysanne, de la servante la plus brusque dans ses allures, sans crainte que l'instrument en souffre dans son fonctionnement. Ici il n'y a ni tiroirs à ouvrir doucement, à visiter avec précaution et à fermer de même. Il n'y a rien de fragile; ni tube de verre indiquant extérieurement le niveau d'eau intérieur, ni dispositif pouvant être dérangé par le service quotidien de la couveuse. Tout se voit, tout se fait pour ainsi dire, à ciel ouvert, sans gêne et dans un large espace. Le seul apprentissage, c'est d'enseigner à la servante chargée de soigner les couveuses, la lecture des divisions du thermomètre.

« Voici en quoi consiste la couveuse Voitellier :

« Qu'on se figure une caisse en bois, plus ou moins grande, selon la quantité d'œufs que l'on veut faire couver ; caisse affectant généralement une forme cubique, dont les côtés sont assemblés au moyen de vis, et cela en vue de pouvoir procéder facilement au démontage, afin d'être constamment à même de surveiller, inspecter et réparer les dispositions intérieures.

« Une fois le fond et les quatre côtés assemblés, on introduit dans la caisse le réservoir à eau chaude. Ce réservoir est simplement un manchon cylindrique à double paroi, destiné à contenir, entre sa double cloison, l'eau chaude qui doit entretenir la chaleur nécessaire à l'éclosion des œufs.

« Ce manchon est en zinc ; et n'a, comme du reste son nom l'indique, ni dessus ni fond. Une fois en place dans sa boîte, l'espace libre, entre les parois extérieures et les surfaces intérieures de la boîte, est rempli avec de la sciure de bois, exactement pilée. Cette sciure a pour objet, d'abord et surtout, de servir d'isoloir, et par suite de s'opposer à la déperdition de la chaleur de l'eau, puis ensuite de donner de la stabilité.

» Le manchon communique à l'extérieur de la boîte : 1° par un tube qui débouche à la partie supérieure de la face de la boîte ; c'est par ce tube qu'on introduit l'eau chaude ; 2° par un robinet placé à la partie inférieure de la boîte ;

c'est par ce robinet qu'on retire, matin et soir, l'eau qui a perdu son calorique.

» Au-dessous du robinet d'emplissage se trouve une petite ouverture destinée : 1° à l'entrée ou à la sortie de l'air pendant l'emplissage ou le désemplissage du réservoir; 2° à servir de trop-plein, c'est-à-dire à indiquer quand il est rempli d'une suffisante quantité d'eau.

» Au milieu de la face antérieure de la boîte s'aperçoit une ouverture : c'est l'orifice d'un tuyau en plomb traversant la paroi extérieure du manchon, pénétrant de haut en bas dans la colonne d'eau chaude qu'il contient, ressortant à la base intérieure en se dirigeant au centre de la couveuse, où il se relève alors jusqu'à la hauteur de 10, 15 ou 20 centimètres selon la grandeur de l'appareil. Par ce tuyau l'air extérieur s'introduit continuellement dans la couveuse, en change progressivement l'atmosphère, et cet air dans son parcours, traversant la masse d'eau chaude, a le temps de s'échauffer, et d'arriver à destination sans occasionner de brusques transitions.

» A la partie supérieure de la paroi interne se trouve disposé un petit tube dont la soudure est au-dessus du niveau de l'eau chaude; c'est par ce tube que les vapeurs d'eau chaude s'introduisent dans la couveuse, et humidifient convenablement son atmosphère.

» Circulairement, à la base du manchon reposant sur le fond de la boîte, se trouve un cercle en bois de 5 à 6 centimètres de hauteur; cette disposition a pour but d'empêcher le contact immédiat des œufs contre le zinc.

» Enfin, le dessus de la boîte est fermé par

un plancher, également assemblé aux côtés avec des vis, dans le centre duquel se trouve un châssis vitré. C'est par ce vitrage qu'on surveille les éclosions, qu'on consulte les thermomètres indiquant la chaleur intérieure, qu'on retire les poussins qui ont brisé leur coquille, et que se fait enfin le service.

» Comme on le voit, les différents organes de l'appareil Voitellier sont parfaitement combinés et agencés; mais ce qui constitue surtout une véritable innovation, c'est la vaste atmosphère de cette nouvelle couveuse, et son humidification, qui se règle à volonté, en raison de la saison et des exigences.

» A propos de l'état hygrométrique de l'atmosphère des couveuses en général, M. Voitellier fait depuis quelque temps des expériences d'un haut intérêt scientifique. Il cherche, et la question est sur le point d'être pratiquement résolue, le degré hygrométrique exact, pour avoir définitivement une atmosphère dans de bonnes conditions d'éclosion.

» De ce qui précède, on peut déjà déduire les trois solutions suivantes :

» Atmosphère relativement énorme, régulièrement échauffée et mathématiquement humidifiée;

» Inspection continuelle, facile et instantanée des œufs en incubation;

Simplicité de l'appareil, qui en fait un véritable instrument d'économie rurale.

« *La sécheuse* est d'une simplicité primitive. C'est une boîte également chauffée à l'eau chaude, et recouverte d'un léger édredon. Aussitôt que les poussins commencent à manger, on les transporte sous la *mère* ou *éleveuse.*

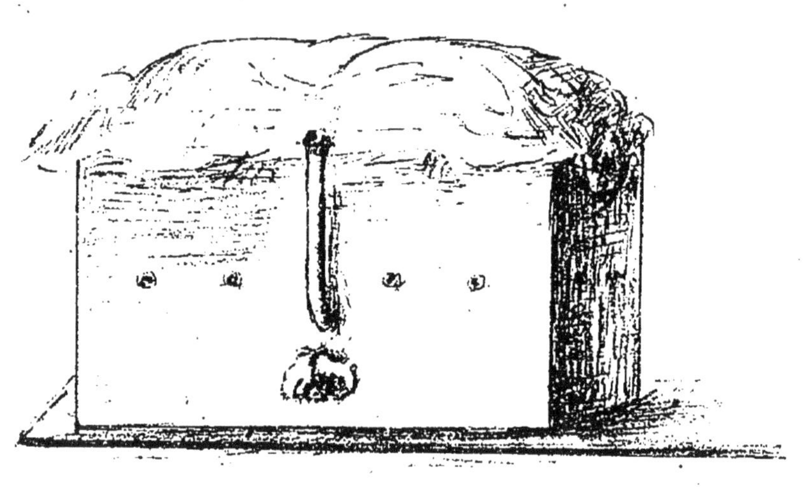

Sécheuse Voitellier.

Mère artificielle Voitellier.

» La *mère* est un appareil dont toutes les parties sont mobiles : la partie inférieure est un plateau sur lequel repose un encadrement dans lequel vient s'introduire une boîte renfermant un récipient contenant de l'eau chaude, qu'on renouvelle selon les besoins; la partie inférieure de cette boîte, qui forme plafond, a son encadrement garni d'une étoffe, afin que les poussins logés dans l'espace vide ménagé entre le plateau inférieur et le récipient à eau chaude, puissent frotter leurs plumes contre l'étoffe et se débarrasser de leur duvet natif.

« Une porte est ménagée sur un des côtés du logement des poussins ; ceux-ci peuvent sortir pour aller manger et boire ; un grillage articulé, comme un véritable garde-feu, entoure la mère artificielle et retient les poussins dans un espace limité.

» Si l'on conserve au-delà de quelques jours les jeunes élèves, ils grandissent, et l'espace ménagé entre le plateau inférieur et le récipient à eau chaude n'est plus assez spacieux. On remédie à cet inconvénient en soulevant le récipient à eau chaude de son encadrement, au moyen de calles, et, par suite, l'espace étant agrandi, les poussins sont plus à l'aise.

» La couveuse Voitellier est depuis longtemps appliquée ; quatorze appareils fonctionnent continuellement à Mantes ; ils donnent d'excellents résultats. Pour nous, c'est réellement la vraie couveuse agricole, en ce sens qu'il n'est pas plus difficile de la mettre en œuvre qu'un hache-paille ou un coupe-racines. Elle a, du reste, été l'objet de récompenses justement méritées dans un grand nombre de concours agricoles : Lyon,

Nancy, Compiègne, etc., etc., et aurait dû primer tous les appareils du même genre, si les jurys étaient définitivement pénétrés qu'une couveuse artificielle peut très-avantageusement, très-lucrativement surtout, remplacer la poule, peut devenir enfin un véritable ustensile d'économie rurale, et n'être plus un appareil de laboratoire ou un appareil industriel, exigeant, pour fonctionner dans de bonnes conditions, des hommes ayant fait un apprentissage spécial.

» Ceci pouvait être vrai avec les couveuses Réaumur, Copinleau, Lemare, Bonnemain, Sorel, Vallée, etc., mais ne saurait être appliqué à la couveuse Voitellier, qui nous paraît mériter à plus d'un titre les encouragements de l'Académie nationale. »

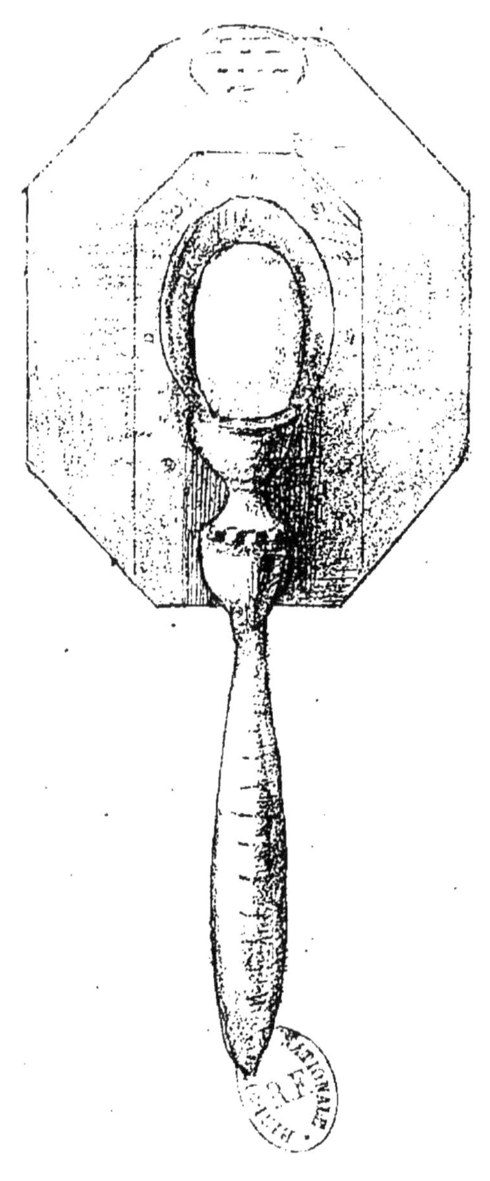

Ovoscope Voitellier.

DES ŒUFS

En matière d'incubation, la première, comme la plus essentielle des conditions, est le choix et la connaissance des œufs ; qu'il s'agisse de moyens naturels ou artificiels, on doit se conformer strictement aux notions acquises, sous peine d'insuccès.

Les œufs doivent être le plus frais possible. En thèse générale, il faut rejeter ceux qui auraient plus de trois semaines, en hiver, et plus de quinze jours en été ; huit jours suffisent par les grandes chaleurs. Des œufs pondus depuis plus de temps peuvent certainement venir à éclosion, mais le poulet naît souvent en retard et chétif.

Les œufs destinés à l'incubation peuvent-ils voyager sans inconvénients? Cette question préoccupe bien des éleveurs, et surtout des amateurs qui font venir des œufs de pays lointains; voici notre avis :

L'œuf peut voyager presque impunément quand il est frais. Dès qu'il commence à vieillir, la chambre à air qui se trouve au sommet de l'œuf, du côté du gros bout, et qui est à peine perceptible au moment de la ponte, augmente de jour en jour, par suite d'une certaine évaporation, à travers la coquille, des parties aqueuses. Plus cette chambre à air augmente, plus le ballotage du liquide est violent. Il s'en suit alors un mélange plus ou moins complet des parties albumineuses et séreuses qni composent l'œuf, et une altération des facultés germinatives.

Un œuf dans ces conditions peut quelquefois produire un germe au début de l'incubation; mais les vaisseaux qui se rattachent à l'embryon étant en partie rompus ou affaiblis par la fatigue, celui-ci meurt sans avoir la force de se développer.

Quand des œufs ont voyagé, il est bon de les laisser reposer, au moins un jour, avant de les soumettre à l'incubation.

De tous les œufs, ce sont ceux de poules qui supportent le mieux le déplacement.

Les œufs de canes et d'oies, même très-frais, souffrent beaucoup du voyage; ils sont complétement perdus s'ils sont vieux pondus. Ce fait provient du manque de densité du blanc et du jaune qui se désagrégent plus facilement.

L'œuf choisi pour couver doit être bien fait, ni trop gros ni trop petit. Un premier œuf est toujours clair, comme aussi le dernier de la ponte. Les œufs à deux jaunes bien que souvent fécondés, doivent être rejetés; les deux germes se développent bien jusqu'au douzième ou quatorzième jour, et même plus loin, mais à ce moment, ils manquent d'alimentation, et meurent épuisés. Tout œuf à coquille marbrée, ou dont la couleur ne sera pas bien franche, doit être considéré comme mauvais : il est presque toujours clair.

Certaines personnes prétendent reconnaître les œufs fécondés avant la mise en couvée. De longues expériences nous ont démontré l'inanité de ces secrets de bonne femme.

L'œuf fécondé ne peut être réellement reconnu

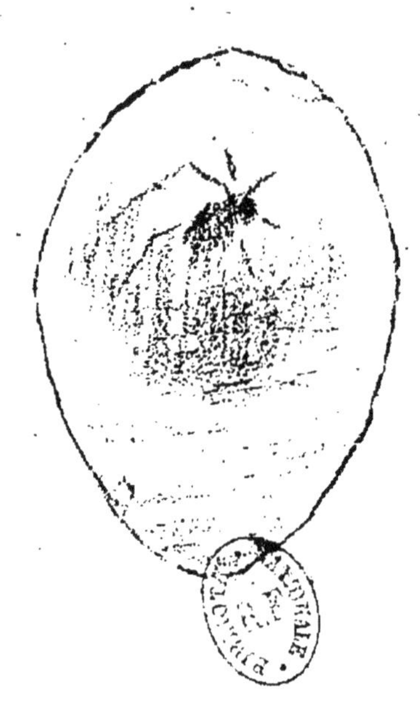

Œuf vu à l'ovoscope
après trois jours d'incubation

qu'après trois jours d'incubation. L'opération du mirage se fait plus simplement et plus sûrement à l'aide de l'ovoscope, petit instrument, qui permet de distinguer l'intérieur de l'œuf aussi nettement que si la coquille était supprimée.

Au bout de quatre jours le germe a pris un développement suffisant pour être facilement perceptible. Il affecte la forme d'une araignée rouge.

Si l'œuf n'est pas fécondé, et s'il était frais, au moment de la mise en couvée, il paraît presque aussi frais que le premier jour, et ne semble pas renfermer de jaune. S'il était vieux pondu, il pourrait avoir un commencement de décomposition, et le jaune dans ce cas semble flotter au milieu du blanc.

A douze jours, si le germe a continué à se développer, l'œuf devient opaque, et la chambre à air augmente. S'il est tourné en faux germe, suivant l'expression consacrée, on distinguera nettement le germe à forme d'araignée avec de longues pattes, mais plus terne qu'au quatrième jour et flottant au milieu d'un liquide troublé et noirâtre.

Du quinzième au seizième jour l'œuf devient complétement terne; la chambre à air prend un cinquième du volume de l'œuf, il ne reste plus qu'un peu de transparence vers le gros bout.

Au moment d'éclore, le vingt-unième jour, l'œuf perd toute transparence, la chambre à air occupe plus du quart de l'œuf, et si l'on regarde bien avec l'ovoscope, on aperçoit dans le vide le haut de la tête du poulet.

AMÉNAGEMENT DU POULAILLER

Le point de départ de la valeur d'une basse-cour est son aménagement.

Abandonnée à elle-même ou dirigée sans goût, elle est d'un produit inférieur ou nul, tandis que le revenu augmente en raison de la qualité des sujets.

Chaque race de volailles se développe plus favorablement dans son pays natal, et il est impossible de préconiser une race plutôt qu'une autre. La loi générale essentielle est d'entretenir cette race dans toute sa pureté ; plus elle se rapprochera de la perfection et plus les bénéfices augmenteront.

La pureté de race ne peut s'entretenir que par la sélection, pratiquée avec méthode et discernement.

En dehors de la connaissance exacte des signes caractéristiques de race, il est certains points auxquels il importe de se conformer, et que nous allons essayer d'expliquer.

Quand une basse-cour est composée de deux ou trois cents poules, tous les sujets ne peuvent être de premier choix. Si l'on prend au hasard les œufs destinés à l'incubation, certainement l'année suivante, l'ensemble de la basse-cour sera sensiblement inférieur, car il arrivera souvent que les plus beaux coqs auront frayé avec les plus mauvaises poules, *et vice versâ.*

Il faut donc deux poulaillers : l'un produisant les œufs pour le marché, l'autre, ceux destinés à la reproduction. Ce dernier sera composé de deux coqs et de douze ou quinze poules tout au plus ; c'est le maximum de beaux sujets qui puissent se trouver parmi deux cents volailles.

Un coq seul suffirait pour féconder les œufs de quinze poules; mais comme il est peu possible de trouver un animal réunissant à lui seul toutes les perfections, il se pourrait que ses produits se ressentissent davantage de ses légères imperfections et fussent, par suite, de second ordre et dépréciés. En choisissant deux coqs, il faut, autant que possible, qu'ils n'aient ni les mêmes défauts, ni les mêmes qualités, c'est-à-dire que ceux-là se neutralisent, et que celles-ci réunies forment un ensemble parfait.

Laissant de côté les discussions anciennes sur la part du mâle et de la femelle dans l'acte de la reproduction, nous dirons, sans crainte d'être démenti par les faits, qu'un coq réunissant certaines qualités, accouplé à des poules atteintes des défauts opposés, donnera des produits qui tendront à une constante amélioration ; c'est là, d'ailleurs, un fait de sélection élémentaire. Supposons un coq gros et bien fait dans toutes ses parties ; son seul défaut est une huppe peu fournie : il est certain que s'il est accouplé à une poule également bien faite, péchant par une ossature un peu faible, mais à très-forte huppe, non-seulement les défauts s'atténueront de part et d'autre, mais il pourra même arriver que les produits surpassent les auteurs. Donc, deux coqs nous paraissent indispensables dans le poulailler de reproduction.

Chaque année, un quart des poules seulement sera remplacé par trois ou quatre des plus belles poulettes de l'année, et l'un des deux coqs devra céder sa place à un plus jeune.

S'il ne se trouvait pas un sujet digne de la prendre, on pourrait remettre ce remplacement à l'année suivante. Les sujets conservés pour la reproduction devront tous, sans exception, être nés vers le mois de mai, soit à l'époque des premières couvées de perdreaux. Les volailles nées à cette saison se développent plus facilement, et atteignent, par suite, des formes plus parfaites. Nous considérons cette dernière indication comme des plus importantes.

On objectera que deux coqs reproducteurs ne peuvent être maintenus avec quinze poules dans le même parquet ; qu'ils se battront jusqu'à ce que l'un succombe, ou soit annihilé comme reproducteur ; que par suite de cette rivalité et de querelles incessantes, les poules délaissées ne donneront que des œufs clairs. Il est un moyen d'éviter le trouble dans ce sérail à deux sultans. On construit, aussi loin que possible de la basse-cour et du passage des autres poules, une petite cabane dans laquelle, chaque jour, l'un des deux coqs sera enfermé à son tour; on procède à cette séquestration le soir, au moment de la fermeture du poulailler, le coq pouvant être facilement saisi. La cabane du prisonnier sera assez éloignée pour que, sans se tourmenter, il repose et mange tranquillement pendant la journée.

De cette façon, celui des deux coqs qui est en liberté est seul maître, et ne pense pas à batailler; il est aussi plus vigoureux après un jour de repos. Il n'adopte pas de préférence une ou deux poules, qui deviennent ses favorites aux dépens des autres, et les œufs d'une même poule sont alternativement fécondés par l'un et par l'autre.

Le poulailler modèle devra être le mieux situé; les poules coucheront dans un endroit abrité du froid, et auront à discrétion de la verdure ou une petite prairie; puis on leur donnera une nourriture substantielle et plutôt échauffante, telle que l'avoine, le maïs, et au besoin un peu de chénevis. Avec ce régime la ponte sera précoce, et les germes contenus dans les œufs seront plus vigoureux, et mieux disposés à l'incubation.

DES CROISEMENTS.

Les croisements, la consanguinité et la sélection, occupent depuis des siècles les savants, les chercheurs et surtout les novateurs. La vie d'hommes illustres dans la science s'y est épuisée, et tout en recònnaissant que l'homme a transformé et pétri de ses mains la matière animale, nous sentons parfois que bien des points de la question restent insolubles. Nous la traiterons donc dans la mesure de nos forces, du côté le plus pratique, et notre hardiesse paraîtra d'autant plus excusable qu'il s'agit, en somme, d'un petit coin du domaine biologique presque dédaigné, celui de la basse-cour. Nous partirons de ce principe qu'en fait de volailles, il faut s'en tenir aux races pures, en les perfectionnant le plus possible, et qu'il faut éviter de les mélanger entre elles. La nature a su faire assez de croisements présentant des caractères stables et permanents, pour que nous n'ayons pas besoin d'en inventer de nouveaux. Les races primitives et leurs dérivés offrent assez de variétés pour satisfaire nos goûts et nos intérêts divers. Nous ne trouvons aucun avantage aux croisements.

Nos expositions annuelles ne prouvent-elles pas jusqu'à l'évidence que les races pures et leurs variétés sont en quantité bien assez considérable pour satisfaire tous les besoins. L'amateur y trouve, pour sa volière, les formes élégantes et fines, les plumages vifs et brillants. Le gourmet n'a que l'embarras du choix dans les races donnant une chair délicate et succulente; le marchand qui veut des bêtes grosses et lourdes est aussi bien partagé. Que trouvera-t-on de plus en croisant ces diverses races? Des sujets ne possédant au complet ni l'une ni l'autre des qualités demandées; mais ayant un peu de tous les défauts. Quel exemple pourrait-on citer d'un croisement heureux, supérieur sous tous les rapports à ses auteurs. Est-ce le produit du Cochinchinois et du Crèvecœur? Est-ce celui du Brahma et du Houdan? ou bien encore celui du Crèvecœur et du Houdan, n'ayant pas moins de qualités, puisque les auteurs ont de grands points de ressemblance, mais n'en gagnant aucune; le seul résultat obtenu est un vilain Houdan ou un mauvais Crèvecœur.

Aucun de ces croisements ne pourra conserver son même type pendant trois générations.

Perfectionnons donc chaque race, en lui donnant, par la sélection, ce qui peut lui manquer.

Usons de chacune suivant son aptitude :

Du Cochinchinois pour la couvée, du Houdan pour la ponte et la précocité de l'engraissement, du Fléchois pour l'engraissement excessif. Nos poulardes du Mans ou de la Bresse ne sont-elles pas assez grosses, sans rendre leur chair coriace par un mélange de grandes races étrangères. Il est temps d'ailleurs de perdre cette habitude, prise depuis quelques années, de considérer le Cochinchinois comme la « panacée universelle » de la basse-cour,

Une race semblait-elle trop petite, vite un gros coq fauve ; semblait-elle mal couver, courons chercher un coq Brahma ; et, l'on s'extasiait sur la beauté du nouveau produit. C'est ainsi qu'on est parvenu à désorganiser toutes nos basses-cours, et qu'il n'est plus possible de trouver les races dans leur pays d'origine. Il n'y a plus en France qu'un nombre très-limité d'éleveurs et d'amateurs qui possèdent des volailles entretenues dans leur état de pureté.

Heureusement que nos concours régionaux, et surtout notre grande exposition annuelle de Paris, se sont insurgés contre les croisements, et ont obstinément refusé leurs récompenses à tous les métis de hasard qu'on a essayé de leur présenter. Il eût été si facile d'avoir dans sa basse-cour quelques volailles de diverses espèces, dont on aurait à peine connu les noms, et, quand par hasard, il serait né un beau sujet, de le présenter au concours comme le résultat de croisements savamment combinés, et de se dire, à si peu de frais, éleveur et connaisseur.

Le grand résultat pratique des concours a été de nous protéger contre cette dégénérescence du bon goût. Grâce à eux, nous voyons chaque année nos grandes races s'améliorer par une sélection intelligente, et, comme preuve du progrès réalisé, nous pourrions citer plusieurs éleveurs dont les volailles obtenaient jadis les premiers prix, et qui n'ayant fait que maintenir leur basse-cour dans le même état, sont aujourd'hui tout à fait distancés. On peut poser en thèse générale que, si les premiers prix d'il y a dix ans concouraient aujourd'hui, c'est à peine s'ils arriveraient en troisième ligne. Continuons donc à marcher résolûment dans cette voie, dont les avantages ressortent si clairement, et posons comme principe absolu de l'amélioration des basses-cours, l'abstention complète de croisements et le perfectionnement par la sélection.

DE LA CONSANGUINITÉ ET DE L'ALBINISME.

Faut-il renouveler le sang de sa basse-cour, et quand faut-il le faire? Cette grave question a été souvent agitée, et le croisement de sang a été surtout préconisé dans ces derniers temps; sans repousser absolument ce moyen, nous sommes d'avis qu'il n'en faut user qu'avec la plus grande réserve.

Les races dégénèrent, dit-on, et il faut recourir à la souche primitive, pour ramener le produit à son état normal. D'accord sur ce principe fondamental, nous ferons cependant remarquer que son application est seulement opportune pour celui qui n'a pas su entretenir la race dans toute sa pureté, c'est-à-dire, qui n'a pas élevé en assez grande quantité pour pouvoir trouver des reproducteurs d'élite, qui n'a pas su sacrifier un reproducteur atteint de quelques légers défauts, pour celui enfin qui ne connaissant pas nettement tous les caractères propres à la race qu'il élève, n'a pas fait les sacrifices nécessaires à son amélioration.

Mais si, par la sélection, on est arrivé à ne livrer à la reproduction que des animaux chez lesquels les qualités, tendant à se perdre, sont les plus saillantes et les plus accentuées, on arrivera à maintenir le type primitif, tout en gardant les qualités acquises par le séjour dans un autre milieu.

Ce qui tend à s'effacer, disparaît doublement à chaque génération, quand le père et la mère présentent les mêmes défauts.

On a beaucoup parlé des vices résultant de la consanguinité; mais, nous le demandons, pourquoi la perdrix ne dégénère-t-elle pas? Les accouplements se font cependant presque toujours entre frères et sœurs.

Les deux petits du ramier ou de la tourterelle, presque toujours mâle et femelle, s'accouplent immédiatement ensemble ; or malgré cette consanguinité incessante, ils n'ont pas encore dégénéré.

Les exemples de ce fait sont trop nombreux pour les citer tous.

Si ces races se maintiennent dans leur état naturel, c'est qu'une force supérieure s'oppose à toute déviation L'animal qui tendrait à dégénérer, est plus faible; ses compagnons ne le reconnaissent pas pour faire partie de la famille, et mis à l'écart par ses congénères, il disparaît sans avoir fait souche.

Il est d'ailleurs une loi naturelle qu'il nous faut accepter sans que notre faible raison puisse en trouver l'explication c'est que tout, dans la nature, tend à reprendre son type primitif, et se rajeunit pour ainsi dire dans un renouvellement incessant, mais en remontant toujours vers le point de départ.

Les variétés de races d'animaux, sous un même climat, sont plutôt le produit de la civilisation que celui de la création.

Une race créée par l'homme ne peut être entretenue que par ses soins assidus, mais dès qu'elle est livrée à elle-même, la nature reprend ses droits et la ramène à sa première forme.

Abandonnez dans un parc les plus belles espèces de lapins domestiques : au bout de quelques années, leurs descendants seront des lapins de garenne.

La proposition contraire est également vraie; si l'excès de soins donnés à un animal a fini par amener dans sa race l'affaiblissement et l'anémie, laissez-lui la liberté complète, il reprendra bientôt ses qualités primitives.

Quelle que soit la permanence d'une race, il faut donc la maintenir par des soins constants et entendus.

C'est une lutte perpétuelle avec la nature qui cherche à reprendre les droits, que les besoins et la fantaisie de l'homme lui ont ravis.

Plusieurs auteurs prétendent que le signe principal de la dégénérescence chez les animaux est la couleur blanche. L'albinisme ne serait, à leur sens, que le résultat de la consanguinité poussée à l'excès.

Un animal blanc devrait être considéré comme un des derniers rejetons d'une famille prête à s'éteindre dans l'impuissance et la décrépitude.

Cette théorie peut, comme tous les paradoxes, trouver l'appui des arguments les plus spécieux, mais ne saurait être admise dans la pratique.

A l'état de nature, nous trouvons bien des animaux blancs dans les climats hyperboréens.

A notre sens, la nature protectrice a donné aux animaux un pelage et un plumage en harmonie avec la teinte du sol où ils doivent vivre et se défendre; les lièvres sont blancs sur les flancs neigeux des Alpes.

Dans nos régions, le cygne est blanc et vit en pleine liberté.

Si les animaux blancs étaient en état de dégénérescence, leurs produits, de plus en plus faibles, finiraient par rentrer dans le néant. Cependant nous entretenons depuis des siècles des races blanches dont les représentants ont toujours la même vigueur.

Dans certains oiseaux, l'oie par exemple, le mâle (sauf dans quelques variétés) est toujours blanc, tandis que *toutes les femelles sans exception* sont grises. On ne peut véritablement, en ce cas, conclure à la dégénérescence.

Une race amenée au blanc par une fantaisie de sélection, au lieu de s'éteindre dans l'épuisement d'une consanguinité répétée, tend toujours à reprendre sa couleur primitive. Des lapins blancs abandonnés à eux-mêmes produisent des lapins gris au bout de quelques années.

L'albinisme peut être envisagé à tout autre point de vue dans l'espèce humaine, où la consanguinité produit des résultats bien différents. Ces résultats doivent aussi être attribués à d'autres causes :

Si les législateurs religieux et politiques ont pris de tout temps des mesures pour empêcher les unions consanguines, ils ont eu pleinement raison. Ces unions ne sont le plus souvent dictées que par les convenances personnelles, et l'on tient peu compte des qualités physiques en vue de l'amélioration de la race.

Si les unions entre parents sont souvent stériles, si les enfants sont atteints de crétinisme, d'albinisme ou de toutes ces infirmités que l'on peut considérer comme signes évidents de dégérescence, c'est que ces alliances sont presque toujours accompagnées de la prédominance des mêmes défauts.

Des individus à l'intelligence étroite, qui auront toujours vécu dans le même cercle, marieront entre eux des enfants, dont l'intelligence ne se sera pas élevée au-dessus du milieu où vivent leurs familles. Ces jeunes gens eux-mêmes, retenus par des considérations diverses, s'uniront et transmettront à leurs enfants la somme de leurs défauts, augmentée en vertu de la loi de progression, dans la proportion normale.

De là les désordres si fâcheux résultant des unions entre parents.

Ces considérations morales ne peuvant s'appliquer aux animaux, il s'en suit qu'ils n'ont pas à subir les mêmes effets, et qu'on ne doit pas rationnellement tirer de l'espèce humaine, des arguments contre la consanguinité des animaux.

LA POULE COMMUNE

La poule commune forme le fond de toutes les basses-cours françaises, les poulaillers modèles ou simplement améliorés ne constituant qu'une très-rare exception. Il nous faut donc en parler, et donner notre opinion sur ce qu'elle nous paraît être, ce qu'elle vaut, et ce qu'on peut en attendre.

On a beaucoup parlé d'elle; nous avons lu son signalement et même vu le portrait linéaire du coq et de la poule commune; mais si des indications si précises pouvaient être données, nous serions en présence d'une race permanente, alors qu'il s'agit d'un produit dû à une promiscuité sans frein et datant de bien loin.

La nature a heureusement limité les croisements; elle les a renfermés dans un milieu topographiquement dessiné, où l'influence de la température et de l'alimentation s'est fait énergiquement sentir.

De telle sorte qu'aujourd'hui, on peut rationnellement avancer que nos races françaises une fois constituées par les influences ci-dessus, il s'est formé, par extension, et sur un cercle plus étendu, un type plus ou moins dégradé, lequel s'est encore modifié par quelques croisements de race étrangère.

Les races ont produit des sous-races qui se sont maintenues par la sélection; Crèvecœur a donné la Normande et divers autres dérivés, qui se sont bien élevés dans la zone de cette race type.

Toutes les races sont donc entourées, dans leur milieu natif, d'une poule commune qui ne ressemble pas à celle des autres régions.

Telle est la situation actuelle, et elle nous porte naturellement à formuler l'avis suivant :

Assez de croisements ; il est temps d'améliorer les éléments qui existent par une intelligente sélection.

Nous trouverons assurément dans les variétés de la poule commune de notre région les moyens de revenir petit à petit au type, par une amélioration successive. Ce serait une erreur fâcheuse que de vouloir y rentrer brusquement par un croisement de race immédiat.

Bien que nous n'acceptions pas les éloges outrés donnés dans ces derniers temps à la poule commune, nous ne nierons pas cependant qu'elle n'ait une certaine valeur que nous définirons ainsi : Après avoir perdu les qualités particulières et essentielles qui sont groupées à un haut degré dans la race ou les races dont elle provient, elle s'est assimilé leurs qualités et leurs défauts dans une proportion moyenne et effacée.

Que ceux à qui cette moyenne suffit restent dans les conditions où nous sommes actuellement. Pour nous, cet effacement est un vice, parce qu'il donne comme résultat une viande insapide, une bête peu présentable, rapetissée, avec une grosse ossature.

Les quelques avantages de la poule commune sont dus à ses habitudes vagabondes, qui lui procurent une nourriture plus variée, et l'obligent à une défense plus active de sa couvée; elle est conséquemment rustique et bonne mère; mais sa manie coureuse, son maraudage, sa ponte au dehors, sont aussi des revers de médaille.

Quant à dire que la promiscuité dont elle est issue lui a donné des aptitudes multiples, nous ne pouvons le croire. Une poule ne peut produire tout à la fois, et dans une proportion exceptionnelle, dc la viande, des œufs et des poussins. Si elle possède deux de ces qualités, elles ne peuvent être que considérablement amoindries.

On a comparé les résultats acquis et affirmés par Buffon à ceux obtenus de notre temps. D'après ce grand naturaliste, la moyenne annuelle des œufs pondus, par poule, était de 100; elle serait aujourd'hui de 160.

Le poids moyen des œufs était de 44 grammes, il serait de 64.

Le poids total des pontes moyennes était de 4 kil. 400 gr.; il serait présentement de 10 kil. 191 gr.

Si ces données sont exactes, elles fournissent un gros argument en faveur de la poule commune.

Mais comment a-t-on pu établir avec quelque certitude une statistique de cette nature?

Si les rapports de douane évaluent approximativement la production des œufs en France, est-il possible de déterminer, par à peu près, le nombre des poules qui y sont élevées?

Et, tout d'abord, le résultat maximum annuel de la ponte, porté à 160, aurait été pris sur celui accusé par un des grands établissements modèles du pays. Il ne résulte pas d'une moyenne générale. Le dictionnaire de l'agriculture ne l'évalue qu'à 54. Lequel croire? L'autorité de Buffon lui-même serait donc mise en suspicion!

Comment tenir compte, même d'une manière approximative, du nombre de poules couveuses détournées de la ponte, pendant 60 jours, par l'incubation et la conduite des poussins?

Est-il possible de savoir comment s'est opéré le renouvellement du sang dans les basses-cours: s'est-il fait par âge de trois, quatre ou cinq années, c'est-à-dire dans des périodes où la poule pond plus ou moins? Ces calculs nous paraissent établis sur des bases fort discutables; les éléments certains font défaut. Nous ne saurions donc les admettre, quelle que soit notre déférence pour les autorités dont ils émanent, et nous restons dans une opinion défavorable à la poule commune. Nous préférerons toujours la race, parce qu'elle seule, lorsqu'elle est bien fixée dans le milieu qui lui est propre, peut donner satisfaction à tous les intérêts.

Nous avons entendu bien des objections sur les particularités de la forme extérieure. Que nous importe, dit-on, que le Houdan et le Dorking aient un cinquième doigt, que la crête de l'un soit plus grande ou plus petite que celle de l'autre? Si la poule commune me donne ce que je recherche, je n'en demanderai pas davantage. Vous le donnera-t-elle longtemps, elle et sa descendance? Telle est la question. Puis on fait confusion entre la cause et l'effet, et rien d'ailleurs n'est indifférent dans les détails du caractère typique.

Pline signalait ce cinquième doigt comme l'indice d'une race pure, qui rendait la bête admissible dans les sacrifices religieux, à Rome. Les aruspices, consommateurs des animaux sacrifiés, étaient les fins connaisseurs, les bouches distinguées de ces temps reculés. Ils ne s'étaient pas mépris sur ce caractère extérieur, qui indiquait une chair plus savoureuse.

LA POULE DE HOUDAN

La poule de Houdan peut être appelée la reine des basses-cours françaises. Elle seule, en effet, réunit l'élégance de port et de forme e plumage gai et coquet, à toutes les qualités pratiques exigées par la fermière. Elle est bonne pondeuse, facile à engraisser, et sa chair est délicate entre toutes. C'est donc bien à elle que doit appartenir le premier rang dans les races françaises, bien que, jusqu'à ce jour, les auteurs de catalogues d'expositions, l'aient toujours classée au troisième.

Quoi de plus agréable à l'œil qu'une basse-cour uniquement composée de Houdans purs et bien choisis? Ce plumage papilloté, toujours brillant, ces huppes gracieusement relevées, ces larges crêtes si fièrement portées par les coqs, ont certes un aspect plus agréable qu'un troupeau des volailles toutes noires ou toutes blanches, dont l'ensemble monotone et triste manque de relief dans la vie de campagne. Avouons toutefois que rien n'est flatteur dans une troupe de Houdans dégénérés; les huppes deviennent sales et pendantes; elles tombent d'un côté, et rendent la poule borgne; la gorge est mince et toujours couverte de boue, bref, l'ensemble est déplaisant Quand une basse-cour présente cet aspect, on peut dire que la fermière

Coq de Houdan.

Tête de coq de Houdan.

est non-seulement sans goût, mais qu'elle a péché par une négligence bien préjudiciable à ses intérêts. Elle a perdu par sa faute une source réelle de revenus, puisque des volailles dégénérées ne produisent jamais autant que celles qui sont maintenues dans toute leur pureté.

Un peu plus de goût et surtout moins de lésinerie; choisissez avec attention et intelligence vos reproducteurs, sacrifiez sans hésitation toute bête qui présente un défaut transmissible par la reproduction, et vous aurez fait certainement une opération profitable.

Certains savants ont prétendu que le Houdan n'était qu'une sous-race provenant d'un croisement entre le Crèvecœur et le Dorking, que par suite il était difficile d'en définir nettement les caractères, et qu'en outre les véritables types de cette sous-race étaient devenus très-rares.

Nous voyons là deux erreurs. Nous ne présentons pas le Houdan comme une race primitive dont les ancêtres remonteraient à l'état sauvage; mais nous sommes d'avis que, vu son état de perfection, et de performance, elle constitue une véritable race à l'égal du Crèvecœur et du Dorking, dont elle ne saurait être le produit, attendu qu'elle n'en possède aucun des caractères. Nous allons essayer de le démontrer:

A première vue le Houdan, sauf la couleur, ressemble au Crèvecœur, mais il en diffère essentiellement dans le fond et dans la forme. Ses mœurs ne sont pas les mêmes ; le Houdan est calme et tranquille, gratte peu et se contente d'un petit espace. Les sujets élevés en parquets peuvent devenir aussi beaux que ceux élevés en pleine liberté. Au Crèvecœur, au contraire, il faut le mouvement, la prairie et l'exercice. Élevé dans un parquet resserré, il est presque toujours malade, et n'arrive jamais au même développement, il lui faut spécialement un terrain sablonneux et de vastes prairies. Le Houdan, transporté dans toutes les contrées d'Europe, s'y acclimate bien et conserve son type de race. Le Crèvecœur y vit difficilement, et l'on peut constater sa tendance à dégénérer au bout de quelques années.

Quant à la forme, la différence est aussi grande. L'une a cinq doigts aux pattes, l'autre quatre. La poule de Houdan est plus élancée, sa huppe au lieu d'être arrondie et de cacher les yeux, se relève au-contraire au-dessus de la tête, et, tout en étant aussi volumineuse, paraît moins lourde et moins gênante. La crête du coq est aussi toute différente. Selon nous, on ne peut établir aucune analogie sérieuse entre ces deux races. Voyons maintenant si quelques rapports existent avec le Dorking.

Le seul point de ressemblance est la patte, mais cette seule similitude ne saurait former une parenté, car pourquoi l'un aurait-il eu plutôt que l'autre le privilége de naître avec cinq doigts. Quant à la couleur, elle n'a aucun rapport. Le coq Dorking est noir et argenté ; la poule est d'un gris roux. La crête du coq est grande et simple, celle du Houdan triple et moyenne. Le Dorking n'a aucune trace de huppe, ni de gorge, il est aussi plus ramassé et trapu. La poule est très-bonne couveuse. L'autre ne couve presque jamais. Ici, nous ne trouvons encore aucune corrélation. Le Houdan doit donc bien être considéré comme une race, dont le signalement peut être indiqué comme suit : Nous nous abstiendrons

Poule de Houdan.

cependant de fixer les dimensions de l'animal, ainsi que son poids en chair, en os, etc. comme l'ont fait certains auteurs. La race de Houdan est une grande et forte race. Entre deux sujets d'égal mérite, comme caractères généraux, on doit sans hésiter choisir le plus fort. Mais, il est impossible de fixer un poids, car il varie suivant l'âge et l'embonpoint du sujet.

Plumage. — Invariablement composé de blanc et de noir, à reflets verdâtres surtout chez le coq, sur les plumes de la queue. Les plumes du vol (trois premières de l'aile) doivent être blanches. Le plumage doit être caillouté, c'est-à-dire également mêlé de noir et de blanc, sans plumes rougeâtres ni grisâtres; le jaune paille, même, doit être banni comme étant le précurseur du jaune foncé. Les deux nuances ne doivent jamais être fondues ensemble, mais bien divisées par petits intervalles de noir et de blanc. Cependant jusqu'à l'âge de deux mois à deux mois et demi, le plumage des jeunes poulets et poulettes est composé de grandes taches blanches et noires ; il se cailloute en vieillissant. La poule, comme le coq, tend à blanchir après la première année.

Huppe. — Forte, composée de noir et de blanc, légèrement relevée devant les yeux; presque droite chez le coq, avec plusieurs plumes revenant en avant.

Favoris. — Longs.

Oreillons. — Petits, blancs, presque cachés par les favoris.

Cravate. — Descendant environ jusqu'au tiers du cou. Elle ne doit pas affecter complétement la forme ronde, et doit être plus étroite à la base, du côté du bec, qu'à l'extrémité opposée.

Barbillons. — Petits d'environ deux centimètres chez le coq adulte, rudimentaires chez la poule.

Crête. — Forte, en gobelet, légèrement dentelée sur les bords. La crête de la poule doit être la même que celle du coq, mais beaucoup plus petite.

Bec. — Fort et court, légèrement recourbé à l'extrémité, noir à sa base, blanc à son extrémité.

Patte. — Forte, avec cinq doigts bien détachés les uns des autres, blanche, légèrement rosée chez le poulet. Eperons forts et blancs chez le coq; toute poule qui en aurait trace, doit être considérée comme de nulle valeur.

Coq Crèvecœur.

Tête de coq Crèvecœur.

Poule Crèvecœur.

RACE DE CRÈVECŒUR

Le crèvecœur est une de nos plus belles races. Le corps est largement développé, un peu plus long que celui du Houdan. Le plumage doit être entièrement noir. Il y a bien une variété entièrement blanche et une grise, mais nous laisserons ces espèces de fantaisie pour ne nous occuper que de la vraie race. Celle-ci est entièrement noire, à reflets verdâtres sur les plumes des ailes et de la queue. La huppe ronde et fournie domine les deux cornes qui forment la crête. Les barbillons sont charnus et de longueur moyenne ; les oreillons petits et cachés sous les favoris. La cravate est longue et volumineuse, le bec long et plus droit que celui du Houdan, les narines paraissent ouvertes et boursouflées ; la patte bleu ardoisé est armée d'un éperon très-fort et noir. La poule très-bonne pondeuse, n'a aucune disposition pour couver. Cette race un peu moins précoce que le Houdan, est un peu plus délicate ; il lui faut l'espace des prairies ou des bois pour bien se développer.

La chair du poulet est excessivement blanche et très-fine ; il s'engraisse facilement.

LA FLÈCHE

La plus grande de nos races françaises.

La poule de la Flèche plus haute sur pattes que les précédentes, est moins gracieuse; son corps quoique paraissant moins gros, a plus de volume, car ses plumes sont bien plus collées au corps que celles des autres races.

Elle a donné lieu à plusieurs sous-races, celles de Barbezieux et du Mans; il y a également des fléchois blancs.

Le plumage est entièrement noir avec reflets verdâtres. La huppe, presque nulle, affecte la forme d'un petit épi rejeté en arrière. La crête, moins grande que celle du crèvecœur, représente deux petites cornes presque aussi grosses à la base qu'au sommet; un petit crétillon de la grosseur d'un pois est détaché en avant entre les deux narines.

Les barbillons sont pendants et très-allongés. Les oreillons, de très-grande dimension, se replient sous le cou, et sont d'un blanc mat, sans la moindre trace de filets sanguins. La cravate est nulle. Le bec est court et légèrement recourbé, noir à sa base et jaunâtre au bout; les narines sont grandes et ouvertes. La patte est bleu ardoisé.

Le fléchois est moins précoce que les précédents; il lui faut, comme au crèvecœur, l'espace pour se développer. Un peu plus délicat peut-

Coq de la Flèche.

Coq Dorking.

être, il s'acclimate mal dans les pays étrangers. Il est remarquablement construit pour prendre la graisse et arriver à l'embonpoint excessif.

Cette race est une de celles qui peuvent subir le plus facilement l'opération du chaponnage.

La poule est bonne pondeuse, et ses œufs sont remarquablement gros. Elle couve peu.

DES RACES ÉTRANGÈRES.

Notre intention n'était pas de parler des races étrangères, dans le cadre restreint que nous nous sommes imposé.

Nous ne pouvons cependant passer sous silence ni la race de Cochinchine et ses dérivés fauves, noirs, blancs, coucous ou perdrix, ni le Brahma-Poutra. La Cochinchinoise est la couveuse par excellence, et si, sous le rapport de la finesse de la chair, elle ne peut rivaliser avec nos races françaises, elle n'en est pas moins précieuse sous bien des rapports.

La race de Dorking, la première des races anglaises, a conquis, à bien des titres, son droit d'entrée dans notre basse-cour. Il serait à désirer qu'elle pût s'acclimater d'une manière aussi parfaite que les précédentes.

La chair, sans égaler la finesse de nos races françaises, est meilleure que celle des Cochinchinois ; la poule couve bien et est plus féconde.

Les petites races de Bantam et autres à courtes pattes ont également leur place dans nos basses-cours de rapport, et dans celles de luxe, à côté des Padoues, des Sultans, des Négresses et autres variétés.

Toutes ces espèces sont plutôt des oiseaux de volière que de basse-cour; elles donnent cependant des produits qui ne sont pas à dédaigner.

DE L'ENGRAISSEMENT.

Étant données les races dont la chair est la plus abondante, la plus fine et la plus savoureuse, il reste, pour développer toutes ces qualités, à soumettre l'animal à l'engraissement.

Le point où il peut être livré à la consommation, à un état d'embonpoint convenable, pourrait être atteint naturellement, sans recourir à la séquestration; il suffirait d'une nourriture abondante et variée; mais cette méthode ne répond pas, par sa lenteur et les dépenses exigées, aux besoins sans cesse croissants de notre époque, celui de produire vite, bon et à bon marché;

Il faut donc séquestrer les animaux et leur ingérer de force la quantité de nourriture qu'ils doivent absorber pour engraisser le plus vite possible. Divers modes d'engraissement sont en usage : le gavage à la bouche, aux Halles de Paris; l'entonnoir, à Houdan, pour la pâtée liquide, et l'introduction à la main de pâtons épais, aux environs du Mans et de La Flèche. Ce dernier mode, plus long et plus dispendieux que celui

Coq Cochinchinois.

Coq et poule Bantam.

de l'entonnoir, finit mieux les sujets et nous donne les chapons et les poulardes si estimés.

Ces méthodes d'engraissement exigent une main habile et exercée ; les animaux sont la plupart du temps dans un état de saleté répugnante et souffrent des tortures inutiles. Une heureuse innovation a fait depuis quelques années une véritable révolution dans la science de l'engraissement.

La gaveuse mécanique de M. Odile Martin, que l'on voit fonctionner au Jardin d'Acclimatation, a été l'objet de récompenses méritées dans les Expositions françaises et étrangères. Une surtout lui est bien due par la Société protectrice des animaux qu'il a exemptés de tant de souffrances.

L'opération de l'entonnage se fait vite et sans difficulté par la personne la moins expérimentée, et les volailles arrivent à une perfection d'engraissement que le mode d'entonnage ordinaire leur donne rarement. Il est à souhaiter que ce système se répande encore davantage. L'éleveur intelligent l'ajoutera aux instruments pratiques de sa ferme, s'il veut opérer plus sûrement et plus en grand. Producteurs et consommateurs seront satisfaits.

MALADIES PARTICULIÈRES A LA VOLAILLE.

C'est en vain que l'on cherche dans les auteurs des traces de la thérapeutique des animaux de basse-cour ; si la science vétérinaire fait chaque jour de nouveaux progrès, si des hommes de savoir, voués à cette carrière, ont laissé des traces de leur expérience sur le traitement des maladies des grands animaux, bien peu ont abordé l'étude, trop modeste sans doute, des soins à donner aux animaux de basse-cour. L'auteur de ce petit traité ne prétend pas suppléer à cette lacune, il se bornera simplement à donner quelques avis.

La plupart des maladies qui ravagent nos basse-cours ne sont pas épidémiques, comme on le croit généralement. Presque toutes proviennent d'un manque de soins, d'une nourriture non appropriée aux besoins de l'animal, et, surtout, d'un air vicié par les grandes agglomérations. Toutes les volailles d'une même basse-cour étant soumises au même régime, il n'est pas étonnant qu'elles se trouvent toutes affectées en même temps, et éprouvent les mêmes symptômes morbides. Répétons-le, le mal provient presque toujours des agglomérations. On en trouve la preuve dans la rareté des affections qui surviennent aux poules vivant en liberté dans de grands enclos. Il faut donc essayer de prévenir le mal, qui sévit avec plus d'intensité chez les éleveurs et les amateurs, forcés de réunir de grandes quantités de volailles dans des espaces souvent restreints. Là, on hésite à appliquer le remède radical, employé le plus souvent et conseillé par la plupart des gens spéciaux : celui de tuer le malade pour ne pas avoir à lui donner des soins inutiles; l'hésitation s'explique dans ce cas, car on a souvent à traiter des animaux d'un prix fort élevé, et qu'il est même parfois impossible de remplacer.

On combat les dangers des grandes agglomérations par une excessive propreté, par l'enlèvement fréquent des déjections dans les poulaillers; par un chaulage répété de tous les objets qui s'y trouvent renfermés, juchoirs, pondoirs, etc. Cette opération assainit l'air, détruit les mites et autres parasites qui s'opposent au développement des animaux, à leur engraissement, et les prédisposent à toutes sortes d'affections.

Le sol des poulaillers et des parquets doit être couvert de sable, sur lequel on jette de la paille sèche, dans les temps froids et humides. Le sable aide à la digestion de la plupart des gallinacées. Il faut le remplacer souvent, surtout s'il recouvre un sol boueux et non perméable, où il ne peut être lavé par la plus petite pluie, comme cela arrive sur les terrains sablonneux. On comprend aisément son effet pernicieux, lorsqu'il se trouve absorbé avec un mélange de déjections et de matières en décomposition.

Disposez sous un abri des cendres de lessive ou autres préalablement desséchées ; les poules vont s'y époudrer et se débarrasser des insectes qui les tourmentent et les affaiblissent ; elles y lustrent leurs plumes ; c'est leur savon de toilette, qui, comme le nôtre, a également la potasse pour base. Ce dépôt, bien entendu, doit être renouvelé, sous peine de devenir promptement un amas d'ordures.

Nous recommandons l'établissement d'un abri contre les coups de soleil et les pluies prolongées; les insolations sont presque toujours mortelles pour les jeunes élèves. Il faut encore les abriter du froid, en hiver, et surtout de l'humidité. Le froid nuit à la ponte et à la fécondation des œufs ; les coqs y sont encore plus sensibles que les poules : ils sont plus sujets aux engelures, grosseurs aux doigts des pattes, qui se passent rarement, et les font rejeter comme impropres à la reproduction. Les grandes crêtes sont également sujettes à geler. Ces accidents sont à craindre à une température inférieure à 6 degrés centigrades au-dessous de zéro.

Il faut en un mot placer les animaux dans les conditions les plus favorables, et remplacer, autant que possible, ce qu'on ne peut leur donner, et qui constituerait le remède à la plupart des maladies : la liberté. Nous ne nous occuperons pas des quelques accidents qui peuvent survenir aux volailles, qui s'élèvent presque seules dans les fermes entourées de prairies ou dans le voisinage des bois, dont l'ombre est si précieuse pour les jeunes volailles. Nous parlerons seulement des maladies qui les attaquent dans nos basses-cours.

LA DIARRHÉE.

Cette maladie compte au nombre de celles qui font le plus de ravages dans le premier âge des jeunes élèves; elle est trop souvent mortelle. Si par des soins bien entendus, que nous décrirons plus loin, on arrive à guérir les volailles adultes, des centaines de petits poulets et de faisandeaux sont enlevés, quoi qu'on fasse.

Beaucoup de recettes ont été indiquées, mais aucune n'est réellement efficace : tout poussin atteint fortement est perdu. On prolongera bien son existence de quelques jours, mais quatre-vingt-dix fois sur cent aucun remède ne réussit. Le malade traîne les ailes, la plume devient terne et humide, l'anus et les plumes qui l'entourent s'enduisent d'une sécrétion blanchâtre répandant une odeur fétide; il piaule sans cesse, et finit par succomber.

Si le remède fait encore défaut, il reste du moins les moyens préventifs.

La diarrhée chez le petit poulet est toujours la suite d'une indigestion; si elle n'atteint pas les sujets élevés en liberté, c'est que les conditions d'hygiène ne sont pas les mêmes; si une poule mène quelques poulets dans un grand enclos, livrés à leurs propres soins, et obligés de chercher leur nourriture, il est clair que, dans le premier âge, leur manque de force les oblige à ne parcourir qu'un espace relativement restreint; ils ne peuvent absorber la nourriture qu'en très-petite quantité, peu et souvent. Dans ces conditions ils n'auront jamais d'indigestion, et par suite pas de diarrhée.

Le contraire a lieu si les poulets sont parqués en grand nombre dans un espace restreint, et si l'on laisse à leur discrétion une nourriture dont ils sont friands.

Les organes de la digestion sont si faibles au début de leur fonctionnement, qu'ils s'enflamment facilement. Il est à remarquer que cette inflammation paraît produire au poussin une sensation particulière, qui lui fait rechercher avec avidité la nourriture, alors qu'il devrait s'en abstenir.

On prévient l'indigestion en ne donnant aux jeunes poulets qu'une nourriture rationnée. Deux repas suffisent pendant les trois premiers jours. Il ne faut donner à manger que peu et souvent, pendant les huit ou dix premiers jours. On doit également mettre du sable à leur disposition.

Pour reconnaître s'il y a indigestion, il faut chaque matin prendre quelques poulets de la couvée, avant leur repas, et voir s'ils n'ont dans la gave aucun reste de nourriture de la veille. Dans l'affirmative, tenir les poulets très-chaudement, leur donner du sable, et un seul repas très-léger de mie de pain rassis bien fine, trempée dans du vin ou du cidre. Ils boiront du lait chaud coupé d'un peu d'eau. Si le lendemain la gave est tout à fait vidée, les rendre au régime ordinaire en le variant autant que possible. Dans le cas contraire, continuer le traitement jusqu'à complète évacuation.

Les volailles adultes sont aussi sujettes à la diarrhée, la poule surtout. Elle s'isole alors, marche tout d'une pièce, la crête est violacée ; elle maigrit chaque jour, et, comme chez le petit poulet, l'anus et les plumes qui l'entourent s'enduisent d'une sécrétion blanchâtre. La gave est ordinairement toujours pleine, ce qui donne souvent lieu à des erreurs de diagnostic. Beaucoup de personnes qui n'ont pas su reconnaître les symptômes du mal, trouvent la volaille morte ; à la vue de sa gave pleine, ils supposent à tort un accident.

Le traitement de cette affection est quelquefois long, et demande beaucoup de soins ; aussi le sacrifice de l'animal, s'il n'est pas de haute valeur, est-il encore commandé.

Si la diarrhée est à ses débuts, et que la gave soit vide, le tenir chaudement, et lui faire absorber en deux fois, dans la journée, deux ou trois petites boulettes de beurre auxquelles on aura mêlé une pincée de sel gris de cuisine et de quinquina gris en poudre ; donner pour boisson du lait coupé chaud. Si le mal persiste, si la gave n'est pas entièrement vidée, il importe d'en provoquer l'évacuation, puisque l'obstruction de l'appareil digestif non-seulement s'oppose à l'ingestion de tout aliment curatif et réparateur, mais augmente encore l'intensité de l'affection par la fermentation des matières qui s'y trouvent renfermées.

Voici comment il convient de procéder :

Après avoir arraché les plumes de la gave, on y pratique avec un instrument très-tranchant, une ouverture longitudinale assez grande pour pouvoir extraire toute la nourriture. La plaie est lavée avec de l'eau tiède, puis graissée. La peau extérieure est recousue à larges points avec du fil graissé, en évitant de prendre la deuxième peau, c'st-à-dire l'enveloppe même de l'organe.

La plaie se ferme promptement. La bête malade est tenue chaudement, on lui entonne pendant quelques jours de petites boulettes de beurre légèrement salé. Cette opération bien faite, et elle est simple, la guérison arrive en une quinzaine de jours.

LA GOUTTE.

Certains auteurs ont attribué la goutte à l'humidité. Cela est vrai jusqu'à un certain point pour les volailles adultes placées dans des parquets humides et sans soleil; l'humidité cependant n'est pas l'unique cause du mal ; car il serait facile d'y remédier, en plaçant les animaux dans de meilleures conditions d'hygiène. Mais, quel est l'éleveur qui n'a pas vu de jeunes poulets placés dans les conditions les plus favorables, élevés dans les beaux jours de mai ou de juin, ne pouvoir plus se poser sur leurs pattes, se tordre et devenir contrefaits en quelques jours, sans qu'il soit possible d'y apporter remède.

On a conseillé les frictions avec l'eau-de-vie camphrée, le vin chaud, etc. Vains efforts ; il vous faudra sans hésiter sacrifier tout sujet atteint de la goutte, quel que soit son prix : arrivât-on à le guérir, ce qui paraît très-problématique, la goutte se rejetterait sur d'autres parties du corps. En quelques jours la frêle ossature du poulet, en cours de développement, se tordrait sous l'effort du mal, et le sujet deviendrait bossu ou contrefait. Si la goutte n'attaque pas la charpente osseuse, elle peut bien, sous une apparence de guérison, laisser aux membres leur jeu habituel. mais elle produit alors aux pattes de légères tuméfactions simulant une espèce d'abcès qui, vu la dureté de la peau des pattes ou des doigts, ne crève jamais; cette induration fait sans cesse souffrir l'animal. Le coq ainsi atteint est le plus souvent impropre à la reproduction, et nous conseillerons d'autant plus de l'éliminer, que l'affection reparaîtrait sans aucun doute chez ses descendants. Que d'amateurs ont, sans s'en douter, contribué à la propagation de cette maladie héréditaire, en livrant à la reproduction des sujets chez lesquels ils n'avaient pas su reconnaître les atteintes de la goutte, ou qui les en croyaient radicalement guéris!

Nous résumerons, comme suit, les moyens que nous croyons propres à combattre ce fléau de nos basses-cours : Livrer à l'engraissement, auquel ils ne sont pas tout à fait réfractaires, les sujets qui sont ou ont été atteints de la goutte. Tenir les poulets dans un endroit sain, et éviter les excès et les écarts brusques de température. Un coup de soleil fera déclarer aussi bien la goutte chez les jeunes poulets, qui y sont prédisposés, que quelques heures de pluie.

Les fortifier par une bonne alimentation ; éviter qu'ils ne soient fatigués par la mère qui les ferait trop courir.

Et, si malgré ces soins on aperçoit quelques symptômes précurseurs du mal, purger légèrement avec de la poudre de Jalap; environ une cuillerée à café dans un peu de pâtée de farine d'orge pour les sujets parvenus à moitié de leur grosseur, et une cuillerée à bouche pour une dizaine, s'ils sont petits. On peut, au besoin, répéter cette purgation plusieurs jours de suite.

LE RALE (OU MAL DE GORGE).

Cette maladie est ainsi nommée, parce que le poulet qui en est atteint râle constamment; il secoue fréquemment la tête, et fait entendre un petit cri du gosier, comme pour se débarrasser du gonflement, qui obstrue les bronches et l'empêche de respirer. L'animal ainsi atteint devient triste, dépérit, ne mange plus, et finirait par succomber, si le remède n'intervenait promptement. Cette maladie atteint plus les coqs que les poules, quoique ces dernières n'en soient pas exemptes. Elle se déclare plus souvent à l'aûtomne qu'au printemps; elle est occasionnée par une nourriture trop uniforme, par l'abus des grains et surtout du blé.

Le râle est un mal facile à guérir. Il faut, autant que possible, varier la nourriture des animaux, leur donner beaucoup de verdure et mettre dans leur eau, pendant une dizaine de jours, du vitriol vert (sulfate de fer), environ 40 à 50 grammes pour un litre d'eau. On peut aussi, si les sujets sont fortement atteints, les purger avec une cuillerée à café de poudre de Jalap ou avec du pain détrempé dans de l'huile de ricin. Il n'y a pas inconvénient à réitérer cette dernière purgation, qui est complétement inoffensive, quelle que soit la dose.

GALE ou BLANC.

Cette affection attaque de préférence les volailles placées dans des endroits trop secs. On la voit se reproduire chez les descendants par transmission, et tout animal de choix doit en être exempt. Elle se manifeste d'abord aux pattes et à la crête, sous forme de plaques farineuses entre les écailles des pattes et les plis de la crête. L'envahissement devient complet, si un prompt remède n'est apporté. Il faut frotter les parties atteintes avec une brosse dure, trempés dans l'eau tiède, jusqu'à ce que le blanc ait disparu. On les graissera ensuite avec de la pommade camphrée, telle qu'elle se vend chez le pharmacien.

LA PÉPIE.

La Pépie n'est pas une maladie; on a généralement pris l'effet pour la cause. Dans presque toutes les affections que nous avons déjà décrites la partie cornée de la langue des gallinacées se racornit, et le dedans du bec s'emplit de matières glaireuses; de petits aphtes, aux côtés de la langue et dans le gosier, sont souvent la cause de l'affection. Gardez-vous bien, dans ce cas, d'arracher la partie cornée de la langue comme le font quelques fermières, c'est tout simplement estropier l'animal, sans hâter en aucune façon sa guérison. Si le mal est la conséquence des maladies précédemment décrites, comme nous le supposons, la langue reprendra sa souplesse première aussitôt la guérison; s'il est causé par les aphtes, lavez le dedans du bec avec de l'eau fraîche; purgez légèrement avec de l'huile de ricin ou du Jalap; donnez une nourriture rafraîchissante.

PICAGE

Le Picage résulte de l'agglomération et du manque de liberté ; il se déclare plus fréquemment à l'automne, après la mue. Les poules renfermées dans des parquets étroits se rassemblent surtout par les temps humides, se becquètent l'une l'autre, pour se débarrasser des mites ; elles prennent le tuyau de la plume qui repousse, pour un insecte, et le picotent ; puis, alléchées par la petite goutte de sang venue au bout de la plume, elles finissent par se plumer entièrement, et même par se tuer.

Pour y remédier, isolez les volailles déjà piquées, la vue du sang excite toujours la voracité des autres ; donnez à toutes le plus de liberté possible, évitez l'humidité, et suspendez des choux ou des salades dans les parquets, en ayant soin de les placer assez haut, et de façon à ce qu'ils se balancent constamment dès qu'une poule vient y toucher.

INSTRUCTION SUR LA CONDUITE DES APPAREILS D'INCUBATION ARTIFICIELLE.

de M. Voitellier (de Mantes, Seine-et-Oise).

Installation. — La couveuse doit être placée dans un endroit sain, à l'abri, le plus possible, des variations atmosphériques, du bruit et des trépidations.

Usage des tuyaux. — Il y a sur le devant de la couveuse quatre tuyaux. Le premier, en haut, sert à introduire l'eau dans le réservoir. Il doit être fermé par un bouchon de liége. Le second, à côté du premier, indique le trop plein, et sert à l'échappement de la vapeur. Étant de petite dimension il peut sans inconvénient rester débouché. Le troisième, en bas, est fermé par un robinet et sert à extraire l'eau du réservoir. Le quatrième, placé au milieu, traverse le réservoir et ressort à l'intérieur de l'étuve. Il sert à introduire l'air et doit toujours rester ouvert.

Commencement. — On emplit la chaudière d'eau à cinquante degrés environ, ou ce qui est préférable, on y verse à peu près moitié eau froide et moitié eau bouillante, de manière à obtenir 40 degrés centigrades à l'intérieur.

Conduite. — On retire, matin et soir, pour les couveuses de 50 œufs, de 5 à 7 litres d'eau, qu'on remplace par 5 à 7 litres d'eau bouillante.

Pour les couveuses de 100 œufs : 10 à 12 litres d'eau.

Pour les couveuses de 150 œufs : 12 à 15 litres.

Pour les couveuses de 250 œufs : 18 à 20 litres.

Pour mesurer la quantité d'eau, on fait usage d'un simple seau gradué, semblable à celui dont se servent les laitiers.

L'appareil expliqué, il nous reste à en indiquer le fonctionnement.

La quantité d'eau à changer est modifiée en raison de la température extérieure, ainsi que par la chaleur développée par les poussins dans l'œuf, chaleur qui augmente à mesure que l'éclosion approche.

POSITION DU THERMOMÈTRE. — Le thermomètre doit être placé dans une position oblique pour être facilement consulté, le bas, entre les œufs, à 15 centimètres du périmètre, et le haut adossé à la chaudière.

TEMPÉRATURE INTÉRIEURE. — La température intérieure doit être de 38 à 40 degrés centigrades. Dans aucun cas, il ne faut dépasser 41

La Couveuse artificielle Voitellier de Mantes (Seine-et-Oise), a obtenu pendant le cours de l'année 1877 :
Une médaille de 1re classe de l'Académie nationale;
Une médaille d'or au Comice agricole de Seine-et-Oise;
Une médaille d'argent au Concours régional de Lyon;
Une médaille d'argent à l'Exposition de Compiègne;
Une médaille de vermeil à l'Exposition de l'Isle-Adam;
Une médaille d'argent au Comice agricole de Dieppe;
Une médaille d'argent au Comice agricole d'Yvetot;
Une médaille d'argent au Comice agricole de Gournay;
Un premier prix au Comice agricole de Louviers.

degrés ni descendre au-dessous de 37, surtout au début de l'incubation, car alors les germes n'ont pas de chaleur propre.

Régularisation. — Si, après addition d'eau bouillante, le thermomètre tendait à dépasser 40 degrés, il faudrait alors ouvrir le châssis de dessus pendant quelques minutes; si au contraire le thermomètre tendait à baisser, on mettrait sur l'appareil une couverture de laine.

Disposition des oeufs. — Mettre au fond de la couveuse un lit de sable de 1 à 2 centimètres d'épaisseur, recouvert d'un lit de paille brisée de 2 centimètres. Avant de disposer les œufs dans la couveuse, les tremper dans l'eau tiède et les essuyer : cette préparation enleve les parties sales ou grasses de la coquille, et facilite l'introduction de la chaleur humide dans l'œuf. Les œufs seront placés côte à côte ; une fois le fond rempli, on peut en ajouter quelques-uns par dessus, destinés à remplacer les œufs clairs qui seront retirés au mirage.

Soins a donner aux oeufs. — Les œufs seront retournés, matin et soir, et la couveuse restera ouverte environ vingt minutes au commencement de la couvée, et 10 à 15 minutes vers la fin. Le temps de l'ouverture de la couveuse doit être subordonné à la température extérieure, on doit la fermer quand les œufs sont presque froids. Vers la fin de la couvée, il faut laisser refroidir un peu moins.

Avant la fermeture de la couveuse, un léger coup de plumeau sur les œufs, est d'un bon effet. L'eau chaude ne doit être versée qu'après cette opération.

Mirage. — Le mirage des œufs, à l'effet de retirer ceux qui seraient clairs, c'est-à-dire non fécondés, s'effectue le quatrième jour. Voici comment il convient de procéder : prendre l'œuf du bout des doigts de la main droite, le gros bout en l'air, l'approcher tout près de la flamme d'une bougie en le couvrant de la main gauche, et le tourner doucement de la main droite comme sur un pivot. Si l'œuf est fécondé, on devra voir très-distinctement le germe affectant la forme d'une araignée rouge.

Ce procédé généralement adopté par les personnes qui ont une grande habitude, offre certaines difficultés pour les amateurs peu expérimentés.

Nous leur conseillerons d'employer l'Ovoscope Voitellier, dont l'usage est prompt et facile.

Il permet de mirer les œufs, dès le troisième jour de l'incubation, et d'obtenir une transparence qui fait distinguer dans l'œuf le germe à peine perceptible avec tout autre appareil de mirage.

Humidité. — Pour obtenir l'humidité, dont l'atmosphère de la couveuse doit être saturée, on a, dans les appareils de plus de cinquante œufs, un petit tuyau prenant naissance à la partie supérieure de la chaudière et débouchant à l'intérieur de l'étuve.

Au moment où l'on verse l'eau bouillante, la vapeur qui s'échappe par ce tuyau, se répand dans la couveuse, et entretient l'atmosphère humide, pendant toute la journée.

En outre, placer dans la couveuse un verre d'eau, qui sera renouvelée matin et soir, et vers le quatorzième ou quinzième jour d'incubation, verser tous les matins, dans le sable, à différentes places, l'eau contenue dans le verre.

Éclosion. — C'est à l'époque de l'éclosion que la couveuse exige le plus de soins. Il faut, ce jour-là, tenir la température de la couveuse plus élevée, pour avoir la facilité d'ouvrir plusieurs fois dans la journée, afin de renouveler l'air, sans pour cela laisser descendre la température au-dessous de 40°.

Tout œuf *béché* doit être retourné, de façon que le bec du poussin soit en-dessus, et qu'il puisse plus directement respirer. Sans cette précaution, il pourrait se trouver étouffé ou noyé dans le liquide qui s'échappe de l'œuf.

Après l'éclosion, les poussins peuvent rester plusieurs heures dans la couveuse; aussitôt retirés, ils doivent être mis dans la sécheuse, pour les deux ou trois premiers jours.

La sécheuse. — La sécheuse est une boîte, avec réservoir à eau chaude, et robinet pour extraire l'eau. On la remplit d'eau bouillante, matin et soir. Elle est recouverte d'un léger édredon de duvet.

Pendant les 24 ou 30 premières heures, les poulets ne devront pas avoir à manger. Ils seront levés, plusieurs fois par jour, pour prendre des forces et s'habituer à l'air.

Pendant les deux ou trois jours suivants, ils seront levés quatre ou cinq fois pour manger, en très-petite quantité, et ce n'est qu'au bout de deux ou trois jours en été et de quatre ou cinq en hiver, qu'ils devront être placés sous la *Mère*.

Il sera même bon, pour la première semaine, de ne les y laisser que pendant le jour, et de les coucher dans la sécheuse.

LA MÈRE. — La *mère* est un appareil dont toutes les parties sont mobiles : la partie inférieure est un plateau sur lequel repose un encadrement, dans lequel vient s'introduire une boîte, renfermant un récipient contenant de l'eau chaude; la partie inférieure de cette boîte, qui forme plafond, a son encadrement garni d'un velours épais, afin que les poussins logés dans l'espace vide, ménagé entre le plateau inférieur et le récipient à eau chaude, puissent se frotter contre l'étoffe, et maintenir brillant leur léger duvet.

Une porte est ménagée sur un des côtés du logement des poussins; ceux-ci peuvent sortir pour aller manger et boire ; un grillage articulé, comme un véritable garde-feu, entoure la mère artificielle, et retient les poussins dans un espace limité.

La mère sera complétement remplie d'eau bouillante, tous les matins; on aura soin de laisser une porte ouverte pour que les poussins puissent sortir, s'ils ont trop chaud; le soir, étant renfermés, la chaleur naturelle qu'ils développeront, jointe à celle de l'eau tiède restant dans la chaudière, suffira jusqu'au matin. Quand les poussins sont tout petits, et que la température extérieure est basse, il est bon de réchauffer l'appareil le soir.

Quand les jeunes élèves commencent à grandir, l'espace, ménagé entre le plateau inférieur et le récipient, à eau chaude n'est plus assez spacieux.

On remédie à cet inconvénient en soulevant ce récipient de son encadrement au moyen de calles, et, par suite, l'espace étant plus grand, les poussins sont plus à l'aise.

Nourriture. — Pour les premiers repas, émietter du pain rassis sur les poussins; ils apprennent à manger en se becquetant les uns les autres ; pour les repas suivants, donner une petite pâtée d'un mélange de pain et d'œuf, et du pain trempé dans du vin coupé ou du cidre, du riz cuit, du millet, et comme base de nourriture de la farine d'orge délayée avec de l'eau ou du lait.

Mettre à proximité du sable fin, que les poussins ramassent pour faciliter leur digestion.

Il est bon de varier autant que possible, et de donner à manger peu et souvent.

Boisson. — Les poussins ne doivent pas boire avant trois ou quatre jours. On peut leur donner de l'eau pure sans inconvénient, mais le lait est préférable.

Pour éviter l'ennui de préparer les diverses pâtées, M. Voitellier a composé une nourriture réunissant les divers éléments nécessaires à l'alimentation des poulets, et qu'il suffit de délayer dans un peu d'eau.

Nous ne saurions trop recommander l'usage de cette nourriture dont les effets ont été jusqu'à ce jour des plus satisfaisants.

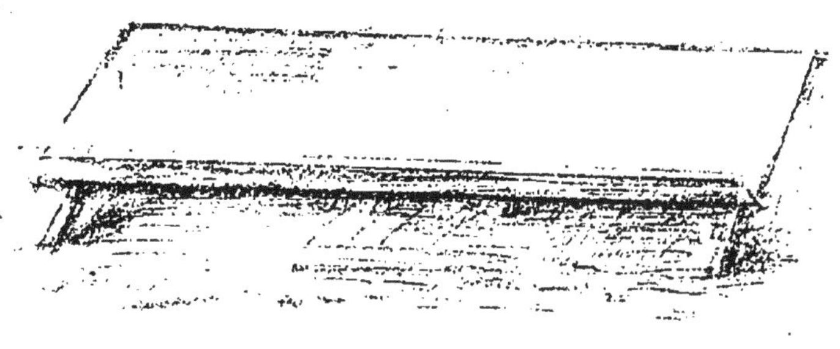

Auget simple.

Auget double.

Auget-billot.

Godets à boire pour poussins.

TABLE DES MATIÈRES

IMPRIMERIE CENTRALE DES CHEMINS DE FER. — A. CHAIX ET Cie
RUE BERGÈRE, 20, A PARIS. — 2000-8.

IMPRIMERIE CENTRALE DES CHEMINS DE FER. — A. CHAIX ET Cie,
RUE BERGÈRE, 20, A PARIS. — 2002-3.

www.ingramcontent.com/pod-product-compliance
Ingram Content Group UK Ltd.
Pitfield, Milton Keynes, MK11 3LW, UK
UKHW021110200726
13857UKWH00003B/1157

9 782012 943421